一日一狗

[英] 莎莉·穆尔 著

浙江人民美术出版社

谨以此书告诉我的人类，我有多不喜欢狗。

我的一生，一直有狗为伴。20世纪五六十年代时，我的父母养了四代贵宾犬。到了70年代，他们开始养阿富汗猎犬——卡萨尼和奥托琳，它们是一对母女，漂亮、任性，却又不太聪明。之后又养了只名叫巴特西的杂种狗，长得很可爱，就是时常会趁人不注意的时候咬我妈妈。最后，他们又重新开始养贵宾，博格诺就是这么一只好看而又傻傻的标准杏黄色贵宾犬。然而，令人费解的是，之后他们竟然养起了猫。

　　于是，我继承了养狗的传统，开始养第一只狗。这只名叫范尼的杂种狗是我从流浪狗之家抱来的，毛长长的，俨然是杜兰杜兰乐队的编外成员。范尼个性很强，甚至有点儿固执。后来养的是只达尔马提犬——多萝西，生性乖巧，很受宠。有一次，我和多萝西意外地在巴斯街道"邂逅"了瞎逛的杰克·斯旺——非常漂亮的金毛格雷伊猎犬。当时，我对自己说，就这个周末照顾下它……一照顾就照顾了一年，短短的一年之后，它就在睡梦中死掉了。杰克之后，我又养了两只惠比特犬：莉莉和佩吉。莉莉黏人，时常伴在我的左右；佩吉，稍带叛逆，喜欢待在太阳底下。

基本上，我给每一只养过的狗都画过画，这本书里就有好几张。几年前，我曾在脸书上发起了一个名为"一日一狗"的话题，每天都在上面晒我的狗狗艺术。有时候，我会画好几张狗狗的画，有时候我一张都没画，但是我每天坚持晒一张画。随着关注的人越来越多，我开始在我的画画材料上大胆创新。金属丝掐画、平版印刷、剪纸、钢笔画和土豆印模，这些我都试过。这样不断尝试，不断挑战，能让自己保持热度，也能让关注我的人继续关注，不"掉粉"。虽然这个话题几年前就结束了，但我还是会定期晒有关狗的图片。

　　"一日一狗"这个话题让我找到了我最喜欢做的事。我发现了狗及其主人的无穷魅力。我爱狗与人之间的彼此忠诚，爱狗的鲜明个性，爱我们对狗的复杂情感。狗，让人们展现天使的一面，有时候也让人们暴露魔鬼的一面。我尝试着将每一只狗作为个体进行诠释。像给人画肖像一样，我认真地给每只狗画像。我确实也很喜欢人，这不是非此即彼的问题。但是，如果能在余生中每天画一只狗，我会非常幸福。

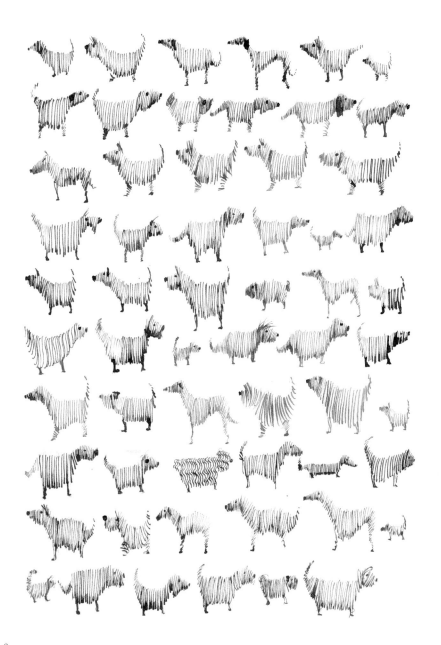

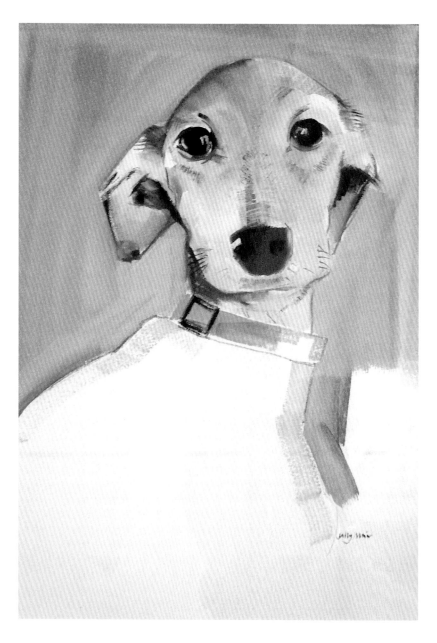

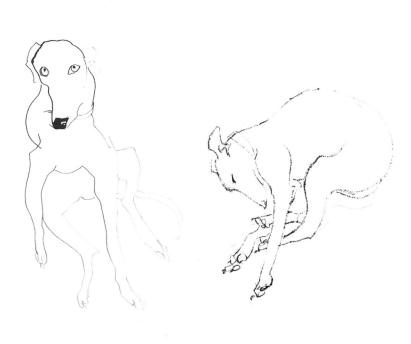

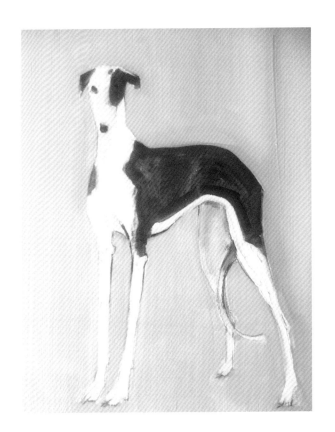

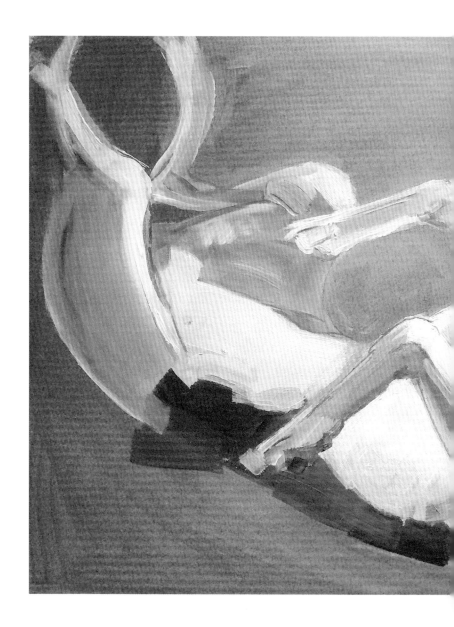

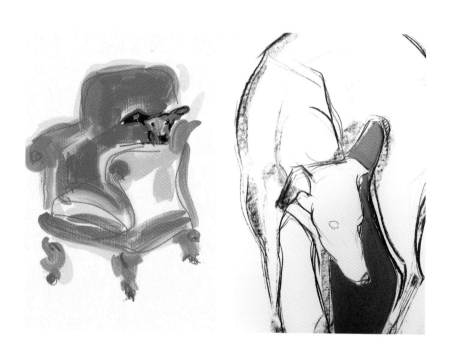

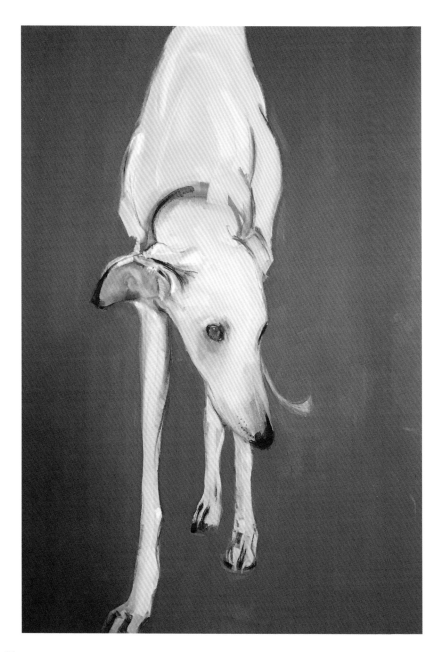

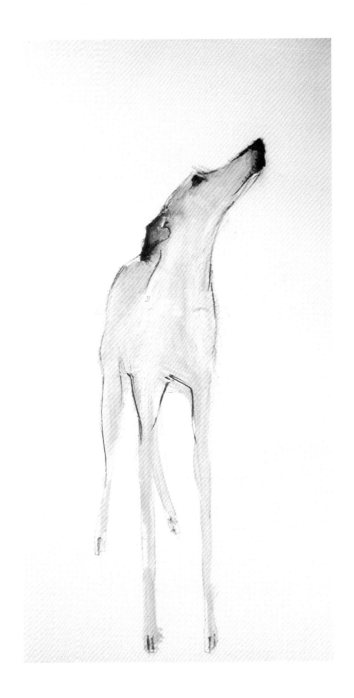

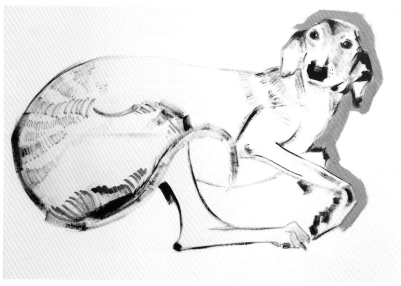

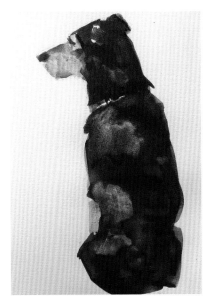

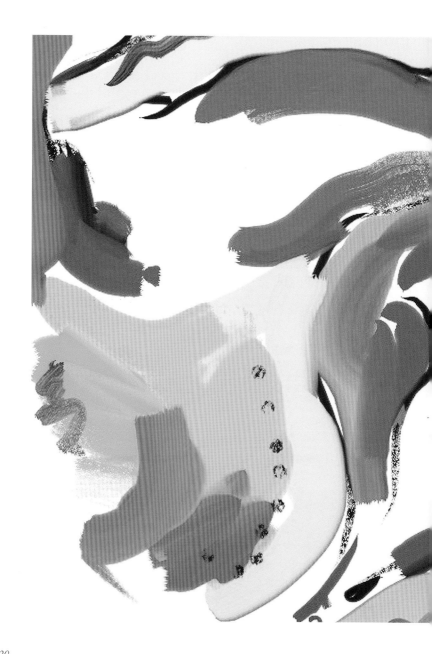

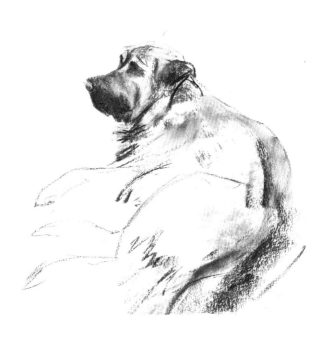

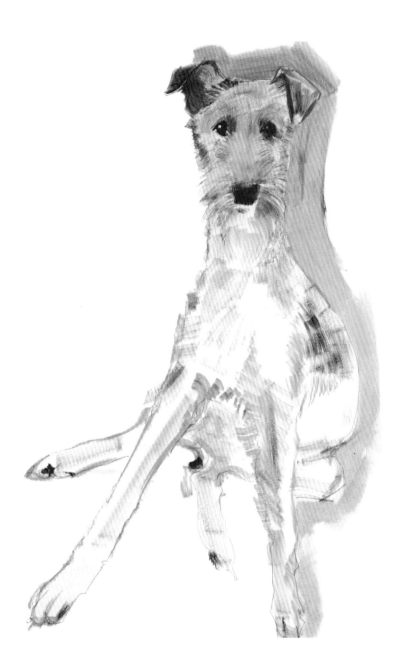

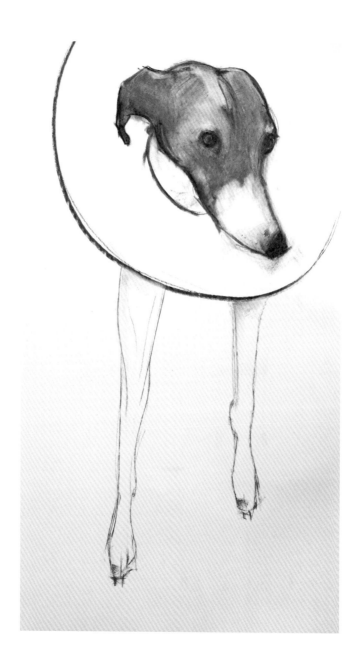

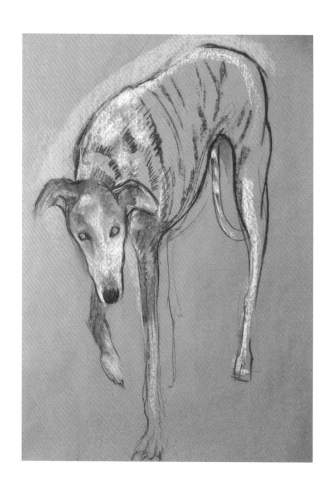

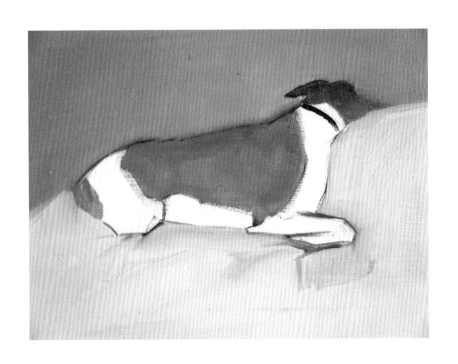

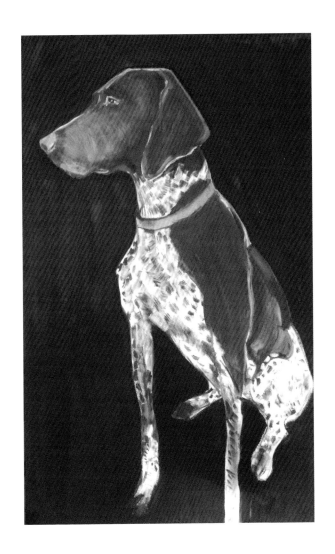

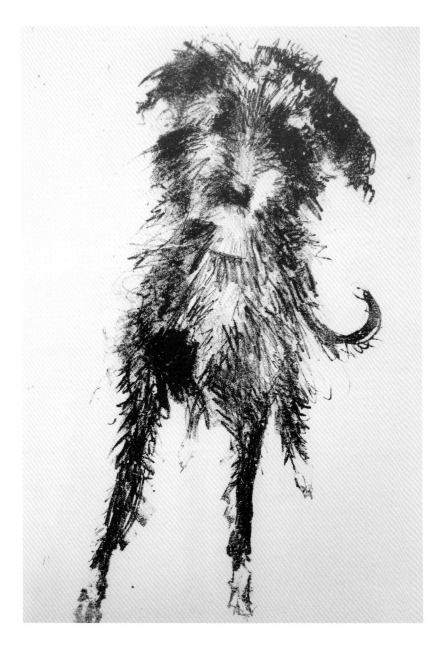

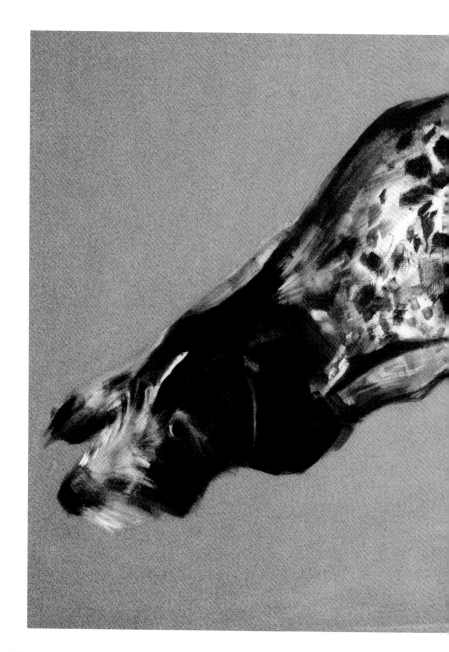

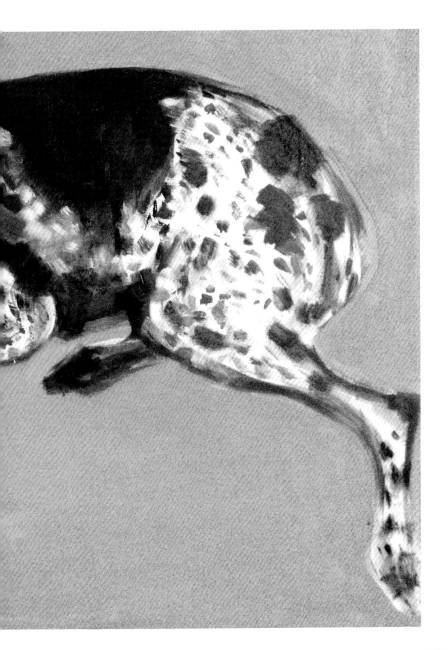

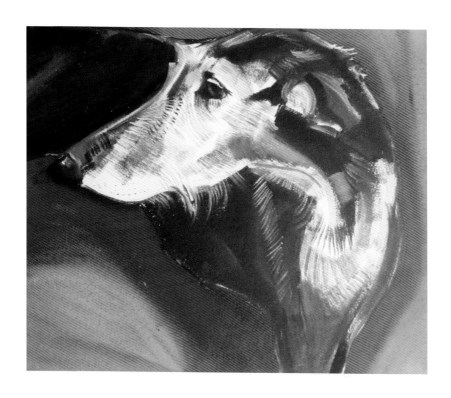

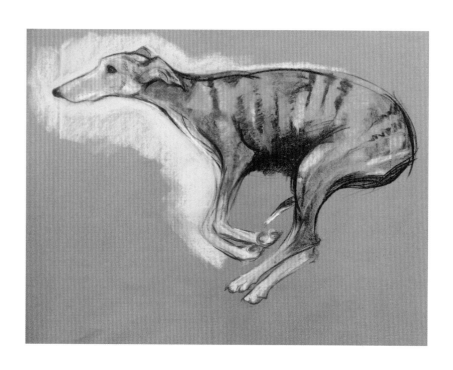

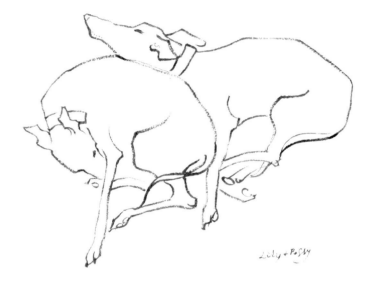

Lily + Posy

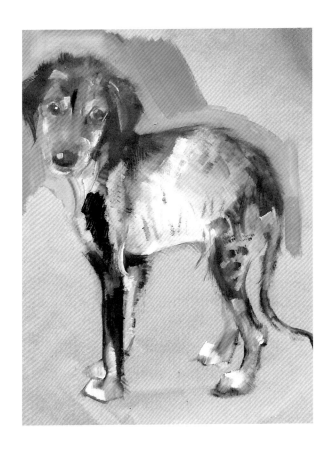

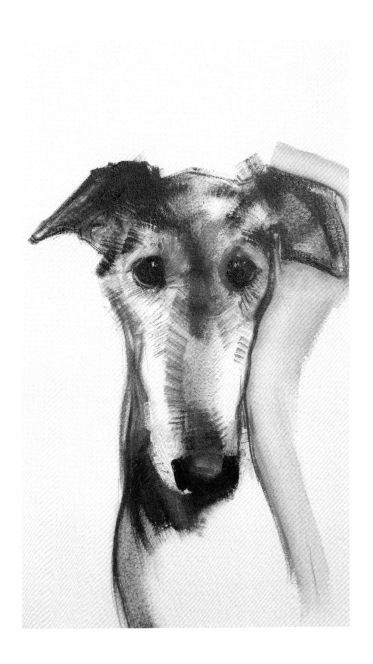

73. 搔痒的狗/炭笔水粉画

74. 佩吉/iPhone　　猎犬/炭笔水粉画

75. 猎犬/炭笔画

76. 莎拉的猎犬/纸面油画

77. 西班牙灵缇犬/纸面油画

78. 小黑/炭笔画

79. 店外的小狗/单刷版画

　　店外的小狗/单刷版画

80. 西班牙灵缇犬/布面油画

81. 猎犬/水墨画

82. 蜜糖/木板油画

83. 莉莉/纸面油画

84. 硬毛腊肠犬/布面油画

85. 斯塔福郡斗牛㹴，巴斯猫狗之家/纸面油画

86. 达斯蒂/炭笔画　　多萝西/石墨画

87. 哈巴狗，西班牙灵缇犬/土豆印模

88. 波比与司星皮/纸面油画

89. 惠子/纸面油画

90. 硬毛腊肠犬/木板油画　　罗伊/木板油画

91. 想象的勒车犬/纸面油画

92. 迪伊/木板油画

93. 猎犬/炭笔画　　邓肯/纸面油画

94. 罗西/纸面油画

95. 惠子/木炭画

96. 布罗迪/木板油画

97. 猎犬/钢笔画　　皮特/平版印刷

98. 毛脸，太阳犬舍/色粉画

99. 肥短裤，太阳犬舍/纸面油画

100. 比利/纸面油画

101. 勒车幼犬，巴斯猫狗之家/木板油画

102. 冬青/木板油画

104. 布罗迪/纸面油画

105. 德克兰，太阳犬舍/纸面油画

106. 小狗涂鸦/平版印刷

107. 腊肠犬普里西拉女皇/木板油画

108. 西班牙灵缇犬，太阳犬舍/纸面油画

109. 科兹摩与珀西/木板油画

110. 麦茜和皮特/木板油画

111. 假想的长毛狗/纸面油画

112. 达斯蒂/炭笔色粉画

113. 乔治/布面油画

114. 斯塔福郡斗牛㹴，巴斯猫狗之家/纸面油画

　　　戈登/纸面油画

115. 萦西/木板油画

116. 帕蒂坦/布面油画　　　林肯/布面油画

117. 勒车犬，巴斯猫狗之家/纸面油画

118. 卢拉/纸面油画

119. 萝拉/水彩画　　嘉西/色粉水粉画

　　　勒车犬，巴斯猫狗之家/纸面油画

　　　布鲁斯，巴斯猫狗之家/纸面油画

120. 莉莉与佩吉/iPad

121. 哈巴狗/木板油画

123. 班吉/色粉画

124. 达芙妮/色粉画　　　斯特拉/色粉画

125. 芭特卡普/平版印刷

126. 哥伦布/纸面油画

127. 布里吉特/纸面油画

128. 西班牙灵缇犬，太阳犬舍/纸面油画

129. 贝丝/木板油画

130. 无题/木板油画

131. 西德尼/布面油画

132. 酿辣酱/纸面油画

133. 斯塔福郡斗牛㹴幼犬，巴斯猫狗之家/纸面油画

134. 无题/纸面油画

135. 哈罗德，太阳犬舍/炭笔画

136. 玛莎/纸面油画

137. 诺亚/木板油画

138. 多萝西/木板油画

139. 无题/木板油画

140. 戴伊内莎白圈的莉莉/炭笔画

141. 猎犬群/土豆印模

142. 格雷西/布面油画
143. 又瞎又聋的狗, 巴斯猫狗之家/纸面油画
144. 西班牙灵缇犬, 太阳犬舍/色粉水粉画
145. 哥伦布/纸面油画
146. 杰克, 巴斯猫狗之家/纸面油画
147. 阿奇/纸面油画
148. 内莉/木板油画
149. 莉莉/木板油画
150. 辫头儿, 巴斯猫狗之家/木板油画
151. 赫克托耳/布面油画
152. 格斯/木板油画
153. 内莉/布面油画
154. 猎犬/炭笔画
155. 悲伤的西班牙灵缇犬/石墨画
156. 洛洛, 太阳犬舍/纸面油画
157. 勒车犬/平版印刷
158. 小淘气/平版印刷
159. 惠比特犬/纸面油画
160. 勒车犬/炭笔画
161. 露露/木板油画
162. 利维/木板油画
164. 黛利拉/布面油画
165. 想象的勒车犬/炭笔油画
166. 柑橘/木板油画
167. 小狗涂鸦/圆珠笔画
168. 萨尔西/木板油画
169. 布伦瑞克/炭笔画
170. 斯坦利/色粉画
171. 弗里达和小饼干/木板油画
172. 西班牙灵缇犬, 太阳犬舍/纸面油画
173. 伯蒂/木板油画
174. 莉莉/纸面油画
175. 斯特拉/纸面油画
176. 莉莉/炭笔水粉画
177. 塞特犬, 巴斯猫狗之家/炭笔画
178. 猎犬/炭笔画

179. 比艾欧/纸面油画
180. 西班牙灵缇犬, 太阳犬舍/色粉画
181. 黑色拉布拉多/纸面油画
182. 小毛球/纸面油画
183. 莉莉与佩吉/钢笔画
184. 弗雷德与梅丽尔/纸面油画
185. 斯塔福郡斗牛㹴犬, 巴斯猫狗之家/
     纸面油画
186. 基科/木板油画
187. 亨利/炭笔画
     鲁巴·韦普林顿/纸面油画
188. 想象的搔痒狗/纸面油画
189. 波比/纸面油画
190. 想象的勒车犬/纸面油画
191. 斯塔福郡斗牛㹴幼犬, 巴斯猫狗之家/
     木板油画
192. 杰克·斯旺/木板油画
193. 猎犬群/水粉画
194. 柑橘/木板油画
195. 范妮/纸面油画
196. 布罗迪/木板油画
197. 沃尔特/炭笔色粉画
198. 查理/木板油画
199. 莉莉/纸面油画
200. 想象的猎犬/木板油画
     罗比/木板油画
201. 猎犬头/炭笔色粉画
202. 莎拉的西班牙猎犬/布面油画
203. 无题/纸面油画
204. 库克实/木板油画
205. 伊维萨猎犬, 太阳犬舍/纸面油画
206. 无题/纸面油画
207. 玛迪/木板油画
208. 鲁珀特/木板油画
210. 西班牙灵缇犬/木板油画
211. 莫莉/纸面油画

感谢本书所有的狗模特以及它们的主人。书中记录了我能记住的小狗名字，如有遗漏，敬请谅解。有幸得到巴斯猫狗之家和太阳犬舍的热情招待，允许我随意参观，给狗狗画画、拍照，在此表示感谢。感谢Pavilion出版社的大力支持，为我出版了如此可爱的书。还要特别感谢凯特琳，正是她不厌其烦地数出书中的365只狗。

合同登记号：

图字：11-2018-79号

图书在版编目（CIP）数据

一日一狗 / (英) 莎莉·穆尔 (Sally·Muir) 著；
邵晓丹译. -- 杭州：浙江人民美术出版社, 2018.4
　　ISBN 978-7-5340-6693-1

　　Ⅰ. ①一… Ⅱ. ①莎… ②邵… Ⅲ. ①犬—世界—画册 Ⅳ. ①S829.2-64

中国版本图书馆CIP数据核字(2018)第061281号

责任编辑　张嘉杭
责任校对　黄　静
责任印制　陈柏荣

一日一狗

[英]莎莉·穆尔 著

邵晓丹 译

出版发行 浙江人民美术出版社
地　　址 杭州市体育场路347号
制　　版 浙江新华图文制作有限公司
印　　刷 浙江新华数码印务有限公司
版　　次 2018年4月第1版·第1次印刷
开　　本 787mm×1092mm　1/32
印　　张 7.5
字　　数 23千字
书　　号 ISBN 978-7-5340-6693-1
定　　价 80.00元

关于次品（如乱页、漏页）等问题请与承印厂联系调换。
严禁未经允许转载、复写复制（复印）